Veit Trübenbach

Fernerkundung in Küstengebieten

Synergie optischer und Radarmethoden

GRIN Verlag

Bibliografische Information der Deutschen Nationalbibliothek:

Die Deutsche Bibliothek verzeichnet diese Publikation in der Deutschen National-
bibliografie; detaillierte bibliografische Daten sind im Internet über http://dnb.d-
nb.de/ abrufbar.

Impressum:

Copyright © 2009 GRIN Verlag, Open Publishing GmbH
Druck und Bindung: Books on Demand GmbH, Norderstedt Germany
ISBN: 978-3-656-26441-5

Friedrich-Schiller-Universität Jena
Institut für Geographie

WS 2008/09

Fernerkundung in Küstengebieten: Synergie optischer und Radarmethoden

Hausarbeit

Vorgelegt von:

Veit Trübenbach

Studiengang: B.Sc. Geographie
Semester: 5
Abgabedatum: 27.02.2009

Inhalt

1   Einleitung

Wohl jeder Mensch war in seinem Urlaub, Zeit und Mittel vorausgesetzt, schon mal am Meer und somit an der Küste. Mit einer Wahrscheinlichkeit von ca. 60% liegt sogar sein Wohnort höchstens 100 km von der Küstenlinie entfernt, da ungefähr diese Prozentzahl der Erdbevölkerung im Küstengebiet konzentriert ist (WIR (World Resources Institute) 1996: 254). Küstengebiete sind also Lebensmittelpunkt und nicht zuletzt Lebensgrundlage für mehrere Milliarden Menschen. Die Bedeutsamkeit der Küste zu kennen, Küstenprozesse und –systeme zu verstehen und vor allem auch, sie zu schützen, sollte selbstverständlich sein. Möglich macht dies alles nur eine intensive Beobachtung, sowie im räumlichen als auch zeitlichen Hinblick. Und was liegt näher, als dies „von oben" zu tun, bedenkt man, dass große Teile der Küste aufgrund schwieriger orographischer Gegebenheiten, durch dichte Vegetation, nicht schiffbare Küstengewässer und andere Hindernisse oft kaum bis nicht zugänglich sind. Weder von Land aus, noch vom Meer, geschweige denn für intensive Untersuchungen oder eine längere Zeit. Jahrhunderte lang allerdings musste sich mit anderen Mitteln beholfen werden, wenn die Küste beobachtet werden sollte. Seit der Entwicklung der Luftbildinterpretation im Zweiten Weltkrieg und der Fernerkundung in den folgenden Jahren (ALBERTZ 2007:6) bieten sich dazu jedoch völlig neue Möglichkeiten.

Aufzuzeigen, wie die Methoden der Fernerkundung zur Beobachtung der Küstengebiete genutzt werden, ist Gegenstand dieser Arbeit. Es soll dargestellt werden, in welchem Umfang und für welche speziellen Anwendungen und Teilbereiche der Küstenbeobachtung die Methoden der optischen und der Radar-Fernerkundung genutzt und verknüpft werden können.

Die Arbeit gliedert sich in 3 Teile, von denen im ersten die Küste allgemein vorgestellt wird, um ihre Bedeutung hervorzuheben und Verständnis zu schaffen. Der zweite Teil befasst sich mit den Allgemeinheiten der Küstenfernerkundung, es wird auf ihre Geschichte eingegangen und gezeigt, welche Teilgebiete bearbeitet werden können. Im letzten Teil wird ausführlich auf verschiedene aktuelle Beispiele eingegangen und versucht, optische und Radar-Methoden in diesem Zusammenhang gegenüberzustellen und deren Vor- und Nachteile für die jeweiligen Anwendungen herauszuarbeiten.

2 Die Küste

2.1 Definition der Küste

„The Coastline is the point at which the sea meets the land" (KERRIGAN 2004:4). Die Küste ist also ganz allgemein der Übergangsbereich zwischen Land und Meer. Eine verbindliche Definition für die Küste, für deren räumliche Ausbreitung, vor allem landwärts, fehlt allerdings. So wird die Breite der Küste für Raumplanungen, Schutzbestimmungen etc. meist administrativ festgelegt, wobei beispielsweise Lettland einen 5 -7 km (SCHERNEWSKI 2004:o.S.), Schweden, Estland und Finnland einen 50 bis 300 m breiten Küstenstreifen (SCHERNEWSKI 2004:o.S.) ausweisen. Die Grenzen auf Meeresseite liegen in der Regel bei 12 km oder werden durch die nationale Hoheitsgrenze determiniert. Neben diesen administrativen existieren aber, je nach Anwendung, auch biologische, physikalische und andere Definitionen. So werden für globale Analysen der Küstengebiete teilweise Bereiche bis 100 km ins Landesinnere betrachtet (SCHERNEWSKI 2004:o.S.), geographisch wird die „Zone zwischen der äußersten landwärtigen sowie der äußersten seewärtigen direkten und indirekten Brandungswirkung" (SCHERNEWSKI 2004:o.S.) als Küste verstanden. Oft verwendet wird auch die Definition nach dem „Land-Ocean Interactions in the Coastal Zone"- Programm (LOICZ), der eine Ausdehnung von der 200 m – Tiefenlinie des Meeresbodens, also der Grenze des Schelfrandes, bis zur 200 m Höhenlinie an Land zugrunde gelegt wird (SCHERNEWSKI 2004:o.S; Cracknell 1999:486). Nach dieser Einteilung sind 18 % der Land- und 8 % der Meeresoberfläche Küstengebiet. Die EUCC (Küsten Union Deutschland e.V.) (2002:o.S:) unterteilt die Küste noch in Meer, Kontaktbereich, meeresnahen Landbereich und Hinterland. Küstengebiete sind von enormer ökologischer, ökonomischer, sozialer und kultureller Bedeutung (YANG 2008:1).

2.2 Küste als Naturraum

Die Küste ist ein sehr komplexer und produktiver Naturraum, geformt und ständig verändert durch zahlreiche Einflüsse und somit einer starken zeitlichen und räumlichen Variabilität unterlegen (KERRIGAN 2004:4; KLEMAS 2008:17; YANG 2008:2). So ist sie natürlichen fluvialen, glazialen, äolischen und biologischen Kräften oder der Gravitation ebenso ausgesetzt wie verschiedensten anthropogenen Einflüssen (WIENEKE

1991:71f.). Geht man nach der Definition des LOICZ-Programms, werden im Küstenbereich der Meere 90 % der globalen Sedimente mineralisiert, mehr als 50 % der globalen Karbonate und ein Großteil der globalen Flussfracht abgelagert (CRACKNELL 1999:487). Die Küste ist durch ihre zahlreichen Glieder, zu denen Ökosysteme wie Feuchtgebiete, Korallenriffe, Flussdeltas und Ästuare gehören, ein reichhaltiger Lebensraum für Flora und Fauna (EUCC 2002:o.S; Yang 2008:1-4).

2.3   Küste als Lebensraum

Die Küste ist, wie einleitend schon erwähnt, auch für einen großen Teil der Menschheit Lebensraum, erkennbar unter anderem schon daran, dass ca. ein Drittel aller Städte mit über 1,6 Mio. Einwohnern im Küstengebiet liegen (CRACKNELL 1999:487). Sie bietet Ressourcen für Freizeit, Siedlungswesen, für Industrie und Transport und ist Nahrungsgrundlage, so wird zum Beispiel ein Großteil des weltweiten Fischfanges in Küstengebieten gemacht (CRACKNELL 1999:487).

3   Fernerkundung der Küste

3.1   Historische und aktuelle Fernerkundung der Küste

Ursprünglich wurde Fernerkundung mithilfe von Ballons, Hubschraubern und Flugzeugen betrieben. Durch das Aufkommen der Raumfahrt und die Verbesserung der Sensoren selbst, erfuhr die Fernerkundung erhebliche Fortschritte (WIENEKE 1991:72; ALBERTZ 2007:6), und ihre Entwicklung, vor allem in Hinblick auf die Beobachtung von Küstengebieten, ist noch lang nicht abgeschlossen. Auch die Fernerkundung der Küste wurde ehemals mithilfe von Flugzeugaufnahmen durchgeführt, erste Versuche der Ermittlung von Wassertiefen „lassen sich bei der Vorbereitung alliierter Landungsoperationen des 2. Weltkrieges finden" (VOIGT 1991:161). Erste Küstenbeobachtungen mithilfe von Synthetic Aperture Radar (SAR) - Aufnahmen wurden im Jahre 1978 durch SEASAT gemacht (SCHWAN 1995:6), mit denen aufgrund fehlenden Expertenwissens und eines nur geringen und unsystematisch erfassten Gebietes jedoch nur wenig anzufangen war (CRACKNELL 1999:491). Danach gab es für einige Zeit von kaum Radardaten aus dem Weltraum. Die änderte sich erst durch den Start von Satelliten wie dem ERS-1 (European Remote Sensing Satellite), der die

„Tradition des SEASAT" (SCHWAN 1995:7) fortsetzte. Im Gegensatz zu anderen Bereichen wie der Ozeanographie oder der Landbeobachtung wurde die Fernerkundung zur Untersuchung der Küstengebiete bis vor wenigen Jahren nur wenig genutzt (CRACKNELL 1999:485-490). Grund dafür waren hauptsächlich die zu geringen zeitlichen und räumlichen Auflösungen, die aufgrund der Dynamik und der Tatsache, dass sich die zu betrachtenden Elemente über alle Skalen erstrecken, jedoch dringend notwendig sind. Nach DAVIS et al. (2004:402f.) sollte die räumliche Auflösung in Küstengebieten mindestens 30 m betragen, wohingegen im (küstennahen) Ozean auch mit Auflösungen von 1 km gute Ergebnisse erzielt werden können (Tab.1).

Tab.1: Anforderungen an die Fernerkundungssensoren zur Aufnahme von Ozean, Ästuaren (Küsten) und Land (YANG 2008:23)

	Open ocean	Estuaries	Land
Spatial Resolution	1–10 km	20–200 m	1–30 m
Coverage Area	2000 × 2000 km	200 × 200 km	200 × 200 km
Frequency of Coverage	1–6 days	0.5–6 h	0.5–5 years
Dynamic Range	Narrow	Wide	Wide
Radiometric Resolution	10–12 bits	10–12 bits	8–10 bits
Spectral Resolution	Multispectral	Hyperspectral	Multispectral (Hyperspectral)

Die Gründe für den Fortschritt in den letzten Jahren auf diesem Gebiet liegen nach CRACKNELL (1999:490f.) vor allem in der Entwicklung hyperspektraler Sensoren, der Verbesserung der räumlichen Auflösung satellitengetragener Sensoren, dem Bewusstwerden der Notwendigkeit zur Küstenbeobachtung und einer starken Zunahme der Verfügbarkeit von gut aufgelösten Radar- und Interferometrie-Bildern seit Anfang der 1990er Jahre. Aktuell werden neben den unerlässlichen in-situ-Informationen je nach Anwendung optische und Radar-Daten ebenso verwendet wie Luftbilder, die zeitlich noch immer am Variabelsten und räumlich gut aufgelöst sind, meist jedoch nur kleine Gebiete abdecken können. Die erhaltenen Informationen werden oft in Synergie mit GIS verarbeitet (KLEMAS 2008:18). Genutzte Satelliten sind unter anderem Landsat, SPOT, Ikonos, Quickbird, ERS-2 und andere (DAVIS et al. 2004:404; KLEMAS 2008:24). Neben diesen Möglichkeiten existiert für einige Anwendungen noch die LIDAR-Methode (Light Detection And Ranging), auf die hier jedoch nicht eingegangen werden soll (CRACKNELL 1999:494).

3.2   Untersuchte Teilbereiche der Küstengebiete

Die Küste gliedert sich in viele, teils sehr verschiedene Teilbereiche, für deren Beobachtung die verschiedenen Fernerkundungsmethoden jeweils besser oder weniger gut geeignet sind. Gründe hierfür sind die je nach Ziel notwendige Anpassung der Auflösungen, die verschiedenen Reflexions- und Rückstrahleigenschaften der betrachteten Objekte und die sich teils stark unterscheidenden Eigenschaften der eingesetzten Sensoren. Anwendung findet die Fernerkundung in der Bathymetrie, in der Kartierung von Feuchtgebieten oder Mangrovenwäldern, sie wird eingesetzt zur Detektion von Abwasser- und Ölverschmutzungen, zur Beobachtung überfluteter Gebiete, zur Beobachtung von Ästuaren und Deltas oder hilft, Konzentrationen von Phytoplankton, Sedimenten oder gelöstem organischem Material im Wasser zu erfassen (DAVIS et al 2004:401). Um zum Beispiel diese letztgenannten und sich in den Reflexionseigenschaften nur wenig unterscheidenden Stoffe zu erkennen und quantifizieren, sind hyperspektrale Sensoren von Nöten. Die Kartierung von Küstenflora, Korallenriffs und Unterwasservegetation (SAV = Submerged Aquatic Vegetation) benötigt dagegen vor allem hohe räumliche Auflösung optischer Sensoren (1 – 4 m), die unter anderem mit Ikonos oder Quickbird erreicht werden kann. Soll zum Beispiel die Höhe verschiedener Küstenvegetation identifiziert werden, bieten sich wiederum Radarmethoden an. Zur Detektion langjähriger Küstenerosion ist es unerlässlich, lange Zeitreihen von Luftbildern zu sichten und zu bewerten (KLEMAS 2008:30).

Weitere Anwendungsgebiete sind in Tabelle 2 aufgelistet. Wie schon genannt, werden je nach Zielstellung für diese Bereiche sowohl Radar- als auch optische Methoden genutzt.

Tab.2: Anwendungsbereiche der Fernerkundung in Küstengebieten (verändert nach CRACKNELL 1999:490)

• Bathymetrie	• Korallen- & Vegetations-Kartierung
• Küstenströme	• Küstenliniendetektion
• Abwasser, Industrie- & Ölverschmutzung	• Wetland-Beobachtung
• Chlorophyll-, Schwebstoff- & Sediment-Gehalt	• Landnutzung im Küstenraum
• Schifffahrt, Fischerei	• Change Detection (Erosion)
	• Ästuare & Deltas etc.

WIENEKE (1991:73f.) unterscheidet unter anderem zwischen der Fernerkundung von a) Küstenlandformen, b) von Küstenprozessen, c) Küstensystemen und d) Küstenressourcen. Die Möglichkeit, neben größeren Gebieten auch sehr kleine, elementare Teile der Küste zu betrachten, verlangt für a) hauptsächlich hohe räumliche Auflösungen. Natürliche und anthropogen beeinflusste Küstenprozesse (b)), die sich durch räumliche Verlagerung von Wasser oder Material ausdrücken, geschehen meist relativ schnell und erfordern hohe zeitliche Auflösung (WIENEKE 1991:73). C) ist neben einem umfassenden Systemverständnis und Feldstudien ebenso angewiesen auf Zeitreihen mit hoher Auflösung, die zum Beispiel Change Detection möglich machen. Die Fernerkundung von Küstenressourcen (d)), sei es für Industrie und andere Bereiche, bedingt hoher räumlicher und moderater zeitlicher Auflösung (WIENEKE 1991:74).

4 Anwendung von Radar- und optischen Methoden

4.1 Bathymetrie

„In many regions, sea depth changes because of erosion and sedimentation processes and bathymetry must often be updated" (MINGHELLI-ROMAN et al. 2007:274). Die Bathymetrie ist die Vermessung der Topographie der Meeresböden, auf die neben LIDAR und akustischen Methoden (von Schiffen aus) optische und Radar-Daten angewendet werden. So können Riffs, Kanäle, Sandbänke und andere Erhebungen und Senken detektiert und vermessen werden. Dies ist wichtig für viele Bereiche wie Schifffahrt, Fischerei, Hafenbau und andere. Nachfolgend werden optische und Radar-Methoden an Beispielen erläutert.

4.1.1 Einsatz optischer Sensoren

Die Bathymetrie mithilfe optischer Daten nutzt die Beziehung zwischen der Intensität der Reflexion, also der spektralen Eigenschaften der betrachteten (Wasser-) Fläche mit der Gewässertiefe (CRACKNELL 1999:490). Diese Intensität ist eine Funktion der Wellenlänge, der Reflektanz des Bodens, der Durchsichtigkeit des Wassers und der Tiefe (DAVIS et al 2004:420; MINGHELLI-ROMAN et al 2007:274). Soll die Tiefe des Küstengewässerbodens bestimmt werden, indem diese Funktion umgekehrt und genutzt wird, sind demnach zuerst die Reflektanz des Wassers, die von der Wassertransparenz abhängig ist, und die Bodenreflektanz zu quantifizieren (DAVIS et al. 2004:421; MINGHELLI-ROMAN et al 2007:274). Einen Einfluss der Wassertransparenz auf die Reflektanz eines Korallensandbodens zeigt Abbildung 1, wobei die Reflektanz durch klares Ozeanwasser (0,1 mg/m³ Chlorophyll)(Abb.1a) und durch typisches Küstenwasser (2,0 mg/m³ Chlorophyll) dargestellt wird. Zu beachten ist die durch die hohe Chlorophyll-Konzentration verminderte Reflexion für eine gegebene Tiefe in den niedrigen Wellenlängenbereichen in Abbildung 1b. Daraus folgt, dass die optische Bathymetrie-Methode in sehr trüben Gewässern nicht angewandt werden kann (VICTOROV 1996:136).

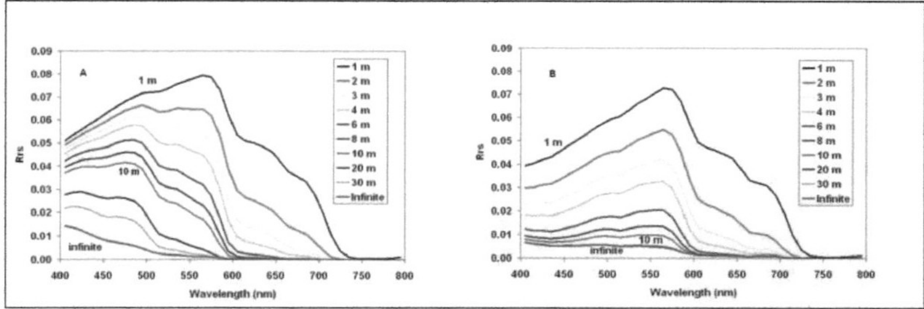

Abb.1: Reflektanz eines Korallensandbodens a) in klarem Ozeanwasser und b) in typischem Küstenwasser (DAVIS et al. 2004:420)

MINGHELLI-ROMAN et al. (2007:274ff.) führten die Bathymetrie für den Golf von Lyon mithilfe von MERIS-Daten mit 300m-Auflösung durch. Sie legten anhand der bekannten Isobathen (Abb.2a) Testgebiete (ROIs) für die einzelnen Tiefenstufen (je 10m) fest (Abb.2b), wobei das 10m – Testgebiet nicht genutzt wurde, da diese Pixel aufgrund der groben Auflösung Mischpixel aus Wasser und Land sind. Abbildung 2a und 2b zeigen zur übersichtlicheren Darstellung jeweils nur Ausschnitte aus der gesamten MERIS-Szene. Anhand der ausgewählten Testgebiete konnten die spektralen Eigenschaften des Wassers für die jeweiligen Meerestiefen ermittelt werden und so die in Abbildung 2c gezeigte Tiefenkarte erstellt werden. Hier ist ein größerer Teil des Golfes von Lyon zu sehen. Weiße Flächen beschreiben hierbei sehr flaches Wasser, dunkelblaue Flächen eine große Meerestiefe. Helle Punkte in den Tiefwasserregionen resultieren aus „invaliden Tiefenschätzungen" (MINGHELLI-ROMAN et al 2007:276). Die radiometrischen Werte lagen für diese Flächen noch unter den für die Tiefwasserzone definierten. Die Tiefenschätzungen weisen für das Testgebiet A1 einen RMSE von 9,36 und für Validierungsgebiet A2 (Abb.2c) einen RMSE von 12,02 auf. Der RMSE für Validierungsgebiet A3 liegt mit 24,55 um einiges höher. Grund hierfür ist eine Heterogenität der Wassertransparenz, die jedoch hohen Einfluss auf das Reflexionsverhalten hat (MINGHELLI-ROMAN et al 2007:276). Tabelle 3 zeigt die Schätzergebnisse und Fehlerbetrachtung für dieses Gebiet.

Tab.3: Ergebnisse und Fehlerbetrachtung für Gebiet A3 (MINGHELLI-ROMAN et al 2007:277)

Mean depth (m)	Estimated depth (m)	Absolute error (m)	Relative error	RMSE
20	39,7	19,7	99%	21,59
30	43,9	13,9	46%	24,96
40	61,1	21,1	53%	25,15
50	74,5	24,5	49%	30,56
60	68,1	8,1	14%	18,54
			52%	24,55

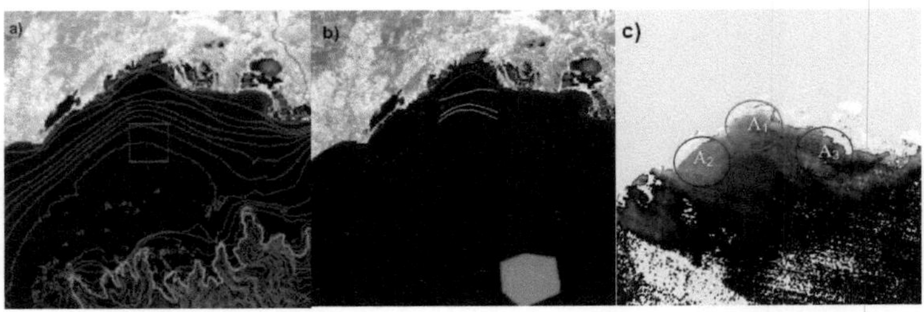

Abb.2: MERIS-Szene (Ausschnitte) a) mit bekannten Isobathen, b) mit festgelegten ROIs und c) als erstellte Tiefenkarte (nach MINGHELLI-ROMAN et al 2007:275f.).

4.1.2 Einsatz von Radarsensoren

Die Bathymetrie mithilfe der Auswertung und Bearbeitung von Radardaten nutzt die Interaktion zwischen Meeresboden-Topographie, Wasseroberfläche und Intensität der Rückstreuung der Radarwellen, die Topographie wird also auch hier nicht direkt erfasst. In Abbildung 3 wird die Funktionsweise schematisch dargestellt. Durch das Meeresbodenrelief wird die Magnitude der durch Wind hervorgerufenen Wellen an der Wasseroberfläche verändert. Dies wiederum hat unterschiedliche Rückstreuintensitäten zur Folge, welche vom Radarsensor aufgezeichnet werden. Der Vorteil dieses Verfahrens gegenüber Lidar und optischen Methoden ist, dass es auch in trübem Wasser angewendet werden kann (CALKOEN et al. 2001:2974). Voraussetzung für die Funktion dieser Methode, die nur für relativ flache Gewässer angewendet werden kann, sind Küstenströme und Wind. Hierbei sollten die Windgeschwindigkeiten zwischen 3 und 12 m/s liegen und das Wasser sich mit mindestens 0,3 m/s fortbewegen.

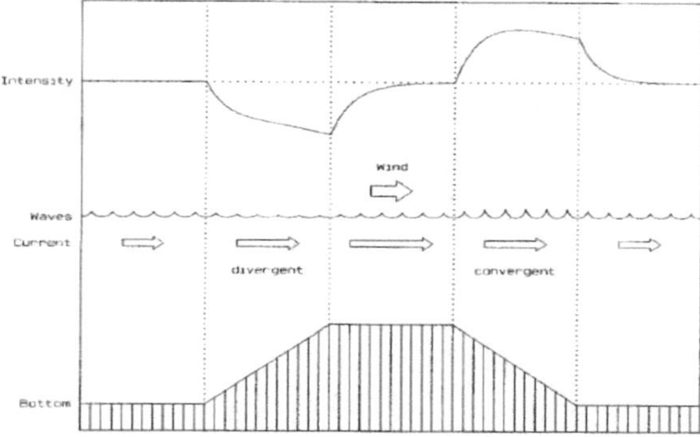

Abb.3: Schematische Darstellung der Bathymetrie mithilfe von Radardaten (CALKOEN et al. 2001:2975)

CALKOEN et al. (2001:2973ff.) zeigen eine solche Anwendung mithilfe einer ERS-1-Szene am Beispiel der holländischen Nordseeküste. Verwendet wurde hierbei das Bathymetrie Assessment Systems (BAS), das Tiefenkarten erstellt aus SAR-Bildern und einzelnen, vom Schiff aus durchgeführten Tiefenmessungen (Echo Soundings). Eine konventionelle Echolot-Tiefenkarte zeigt Abbildung 4a, wobei hierfür etwa alle 200m eine Tiefenmessung durchgeführt werden muss, was zeit- und kostenintensiv ist. Die mit BAS erstellte Tiefenkarte (Abb.4b) benötigt nur Tiefenmessungen aller 600 – 1000m und hat dennoch einen nur sehr geringen Schätzfehler (RMSE: 30cm) (CALKOEN et al. 2001:2973). CALKOEN et al. (2001:2995) merken allerdings an, dass das verwendete C-Band (ca. 5cm Wellenlänge) nicht allzu optimal ist, sondern bessere Ergebnisse mit L- oder P-Band (15 - 30cm und 60 - 300cm Wellenlänge (ALBERTZ 2007:59)) erreicht werden können, da diese zum Beispiel weniger von Inhomogenitäten des Windfeldes abhängig sind. Außerdem müssen Störungen der Meeresoberflächen erkannt und richtig interpretiert werden, die nicht durch topographische Unregelmäßigkeiten, sondern durch Schiffswellen und andere Einflüssen entstehen.

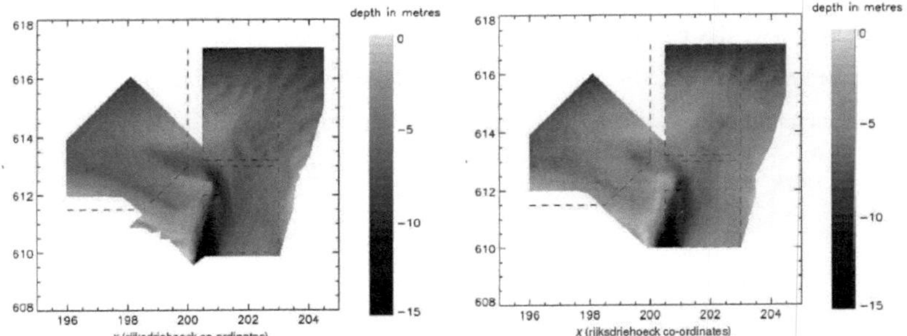

Abb. 4: a) Konventionelle Echolot-Tiefenkarte und b) mit BAS auf Grundlage des ERS-1-Bildes und einzelner Tiefenmessungen erstellte Tiefenkarte desselben Gebietes (CALKOEN et al. 2001:2987-2990)

4.2   Küstenliniendetektion

Die Detektion, Beobachtung und Vermessung von Küstenlinien ist ein allbekanntes Problem und wichtiges Forschungsthema in der Fernerkundung, mit dem sich viele Publikationen beschäftigen (DELLEPIANE et al. 2004:1462; NIEDERMEIER et al. 2000:2270). „The current coastline extraction method is the visual photo-interpretation of high-resolution aerial images" (DELLEPIANE et al. 2004:1462). Hauptsächlich wurden und werden also Luftbilder zur Küstenliniendetektion verwendet, mithilfe deren Karten erstellt werden. Diese Methode führt zu mehreren Einschränkungen. Zum einen ist sie kosten- und zeitintensiv und es werden spezielle Werkzeuge benötigt. Zum anderen ist sie, hervorgerufen durch die manuelle Interpretation und Extraktion der Küstenlinien, teilweise stark fehlerbehaftet (DELLEPIANE et al. 2000:1462), obwohl nach NIEDERMEIER et al. (2000:2279) Abweichungen von 30 m (=3cm auf Karten mit dem Maßstab 1:10.000) für behördliche Anwendungen akzeptabel sind. Neben diesen visuellen Interpretationsmethoden liegt der Fokus auf automatischen Erkennungsfunktionen, die eine schnelle Extraktion der Küstenlinie aus Fernerkundungsdaten ermöglichen sollen. Für optische Daten wie die von Landsat oder SPOT werden hierzu Prozeduren verwendet wie Edge Detection (Kantendetektion), Tresholding (Schwellwertsetzung) oder Segmentation. Diesen Techniken geht die Wahl optimaler Bandkombinationen oder Ratio-Bildung und die Georeferenzierung der Bilder voraus. SAR-Daten haben den Nachteil, dass sie oft zusätzliche Prozessierungsschritte benötigen, um Speckle zu entfernen, sodass die richtigen Informationen aus den Bildern gezogen werden können (DAVIS et al. 2004:411) Der große Vorteil von SAR-Methoden ist neben hoher räumlicher Auflösung jedoch auch hier die Eigenschaft der Radarwellen, Wolken oder auch Gischt zu durchdringen. Eine weitere, unter anderem im nachfolgenden Beispiel genutzte Methode ist die Interferometrie (CRACKNELL 1999:492).

4.2.1 Einsatz von ERS- und optischen Luftbild-Daten

DELLEPIANE et al. (2004:1461ff.) verwendeten zur Detektion der Küstenlinie in der Nähe von Genua, Italien, eine ERS-1-Szene und eine ERS-2-Szene desselben Gebietes mit jeweils 20m-Auflösung (Tab.3). Verwendet wurde außerdem ein im sichtbaren Bereich aufgenommenes, hochaufgelöstes (1m) Luftbild zur Evaluation der Ergebnisse. In diesem wurde die Küstenlinie per Mittelwert-Texturmaß detektiert. Aus dem InSAR-Paar der beiden ERS-Szenen wurde im ersten Vorverarbeitungsschritt ein Kohärenzbild erstellt. Wie in Abbildung 5a zu sehen, ist die Kohärenz über dem Meer sehr gering, hervor gerufen durch die sich kontinuierlich bewegende Wasseroberfläche. Dieses Kohärenzbild wurde im nächsten Schritt einer Texturanalyse unterzogen, wobei das Mittelwert-Texturmaß verwendet wurde. Der dritte Vorverarbeitungsschritt bestand daraus, in beiden Datensätzen, also in Kohärenz- und in Texturbild, eine Segmentation auszuführen. Hierbei wurde untersucht, welche Konnektivität zwischen den benachbarten Pixeln im Bild besteht und dies in einer „Connectedness Map" (Segmentationsbild) visualisiert. Da die Pixel, die die Meeresoberfläche darstellen, einen großen radiometrischen Zusammenhang besitzen, konnten sie der Klasse „Meer" zugeordnet werden. Die Pixel der Landfläche besitzen aufgrund radiometrischer Heterogenitäten einen geringeren Zusammenhang und konnten so als Land identifiziert werden. Da im Kohärenzbild doch einige helle Pixel innerhalb der dunklen Wasserfläche vorhanden waren, an diesen Punkten demnach ein geringer Zusammenhang bestand und sie der Klasse Land zugeordnet wurden, entstand ein fragmentiertes Segmentationsbild (Abb.5b). Im Segmentationsbild des Texturbildes gingen Details an der Grenze zwischen Land und Wasser verloren, weshalb beide Ergebnisse gewichtet miteinander verschnitten wurden. In dem so entstandenen, gewichteten Segmentationsbild konnte nun mithilfe von Tresholding die Grenze zwischen Land und Wasser, also die Küstenlinie, extrahiert werden (Abb.6a). Das Ergebnis weist gegenüber dem Luftbild, das zur Validierung verwendet wurde, einen akzeptablen Fehler von durchschnittlich 3,5 Pixeln und maximal 12 Pixeln auf

(DELLEPIANE et al. 2004:1468), wobei man beachten muss, dass auch Fehler im Referenzbild nicht auszuschließen sind. Obwohl die Küstenlinie mithilfe der ERS-Daten präziser erfasst werden kann, bezeichnet die mithilfe der Luftbilder detektierte (Abb.6b) die reale Linie. Abhilfe schaffen können hier räumlich noch höher aufgelöste Radardaten. Insgesamt zeigte sich, dass mittels der Bearbeitung des Kohärenzbildes bessere Ergebnisse zu erzielen sind als nur durch die Bearbeitung der gewöhnlichen SAR-Bilder (DELLEPIANE et al. 2004:1469).

Tab.3: Verwendete ERS-Szenen (DELLEPIANE et al. 2004:1463)

	Satellite	Date of acquisition	Baseline	Orbit	Frame/track
Master	ERS-1	11 September 1995	51 m	02066	2709-208
Slave	ERS-2	12 September 1995	51 m	21739	2709-208

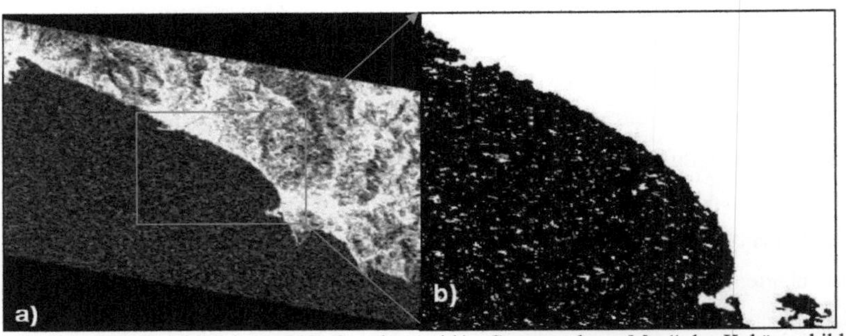

Abb.5: a) Kohärenzbild des InSAR-Couples und b) „Connectedness Map" des Kohärenzbildes (DELLEPIANE et al. 2004:1465f.)

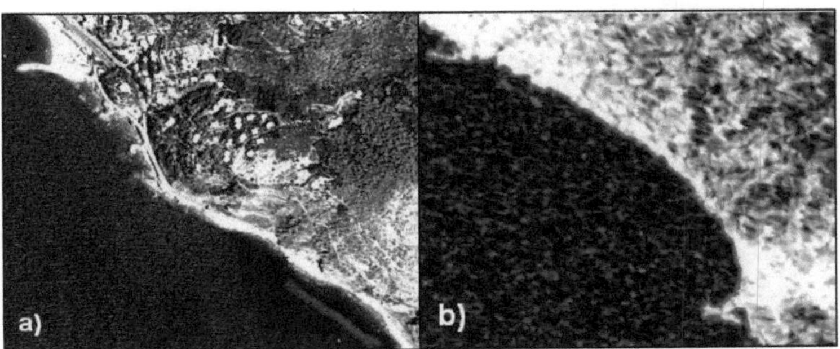

Abb.6: Mithilfe a) des Luftbildes und b) der ERS-Daten detektierte Küstenlinie (Ausschnitte)(DELLEPIANE et al.2004:1468)

4.3   Überschwemmungsgebiete

Ein weiterer, sehr wichtiger Aspekt der Fernerkundung in Küstengebieten ist das Erfassen und Beobachten von Überschwemmungsgebieten. Hurrikane wie Katrina 2005, Seebeben wie das im Indischen Ozean 2004 oder ungewöhnlich hohe und lang anhaltende Niederschläge können zu verheerenden Naturkatastrophen in Form von extremen Überflutungen führen. Die Fernerkundung kann hier bei der Planung von Rettungsaktionen und Infrastruktur-Instandsetzung helfen und genutzt werden, um „Flood Risk Maps" zu erstellen (KIAGE et al. 2005:1).

4.3.1   Einsatz optischer Sensoren

Vergleicht man Landsat-Bilder von New Orleans, die vor Hurrikan Katrina aufgenommen wurden, mit nach der Katastrophe aufgenommenen, sind Landverlust und überschwemmte Gebiete gut zu erkennen. Interpretiert werden hierbei die unterschiedlichen spektralen Eigenschaften feuchter und trockener Gebiete. Essenzielle Details wie Dammbrüche, die zur Überflutung der unter Meeresniveau liegenden Stadt führten, konnten mithilfe höher aufgelöster optischer Sensoren von Satelliten wie Ikonos oder Quickbird detektiert werden (KLEMAS 2008:37). Wichtige Informationen unter anderem für Rettungsaktionen hätten zeitlich höher aufgelöste Daten bereitstellen können. KIAGE et al. (2005:17f.) zeigen in ihrem Beispiel auf, wie mithilfe von SAR-Daten des Radarsat-1 und multispektralen SPOT-Daten überflutete urbane Flächen und Feuchtgebiete von nicht überfluteten unterschieden werden konnten. Die SPOT-Aufnahme ist hierbei dargestellt als RGB-Bild in Abbildung 7a. Die Bandkombination dieses Bildes ist 4-3-2, also Nahes Infrarot, Rot und Grün. In dieser Komposition werden überflutete Gebiete als relativ dunkle Flächen wiedergegeben und heben sich gut von den rot dargestellten, nicht überfluteten Flächen ab. Die weißen Punkte in der oberen Mitte des Bildes markieren Positionen der Deichbrüche.

4.3.2   Einsatz von Radarsensoren

Hurrikane oder tropische Stürme sind meist an schlechte Wetterbedingungen geknüpft und machen deshalb Flugzeugeinsätze oft unmöglich. Ebenso bringen sie durch Wolkenbildung Einschränkungen für die optische Satelliten-Fernerkundung, weshalb ein großer Vorteil der Radarfernerkundung wieder darin liegt, von diesen

Wetterverhältnissen und der Tageszeit unabhängig zu sein (KIAGE et al.2005:2). Nach KLEMAS (2008:37) können mithilfe von Radardaten sehr gut überflutete Wälder und überflutetes Marschland erkannt werden. Da die Vegetation des Marschlandes das Wasser zur Beruhigung bringt, entsteht eine glatte Fläche mit nur wenig Oberflächenrauhigkeit. Dies führt dazu, dass die Radarstrahlen gespiegelt, also weg vom Sensor geleitet werden, was sich im Radarbild als dunkle Fläche ausdrückt. Im roten Kreis in Abbildung 7b, welche die Radarsat-1-Szene des überfluteten Stadtgebietes New Orleans zeigt, ist der Unterschied zwischen überflutetem (dunkelgrau) und nicht überflutetem (hellgrau) Feuchtgebiet gut zu erkennen. In der optischen SPOT-Aufnahme (Abb.7a) ist das überflutete Marschland dunkel und das nicht überflutete rot dargestellt. Überflutete Wälder drücken sich in der Radaraufnahme durch hohe Intensität aus. Grund ist hier der so genannte „Double Bounce" - Effekt. Die Radarwellen werden an der Wasseroberfläche gespiegelt, an den Baumstämmen jedoch nochmals reflektiert, sodass diese Gebiete insgesamt sehr stark rückstreuen (KLEMAS 2008:37). Auch KIAGE et al (2005:1) merken an, dass ein hoher Zusammenhang zwischen Radar-Rückstreuung und Wasserlevel in überfluteten Feuchtgebieten besteht. Eher schlechte Ergebnisse liefern Radardaten allerdings für urbane Gebiete. Aufgrund hoher Rückstreuung der Radarstrahlung durch Gebäude unterscheiden sich überschwemmte urbane Flächen nur wenig von nicht betroffenen Bereichen (KIAGE et al 2005:19), wie in Abbildung 7b zu sehen ist. Hervorgehoben sind die überfluteten Stadtgebiete hier durch die weiße Linie.

Abb.7: Stadtgebiet von New Orleans nach Hurrikan Katrina a) als RGB-Komposite aus SPOT-Daten und b) als Radarsat-1-Bild (KIAGE et al. 2005:18)

5 Zusammenfassung und Ausblick

Es konnte gezeigt werden, dass die Fernerkundung in Küstenbereichen eine entscheidende Rolle spielt und reichlich Anwendung findet, resultierend daraus, dass Küstengebiete komplexe, räumlich und zeitlich sehr dynamische Systeme sind. Genutzt werden Fernerkundungsdaten unter anderem zur Bathymetrie, zur Kartierung von Vegetation etc. im Wasser und angrenzenden Land, im Katastrophenmanagement oder zur Detektion von Küstenlinien. Hierbei bieten sich, meist abhängig von der Zielstellung, die Bearbeitung und Auswertung einer Vielzahl optischer und Radar-Methoden an, wobei in vielen Fällen dennoch nicht auf in-situ-Daten verzichtet werden kann. Die Vorteile von Radardaten sind hauptsächlich ihre Wetter- und Tageszeit-Unabhängigkeit, die Möglichkeit, die Interferometrie zu nutzen und die hochwertigen und detaillierten Informationen, die mit ihnen erzielt werden können. Auch optische Sensoren liefern unverzichtbare Ergebnisse und zeichnen sich durch teils hohe räumliche und zeitliche Auflösung aus.

Essentiell sind, je nach Anwendung, hohe räumliche, zeitliche und spektrale Auflösung, was auch einer Gründe ist, dass Fernerkundung in Küstengebieten in der Praxis immer noch weit weniger Aufmerksamkeit zuteil wird als beispielsweise der Fernerkundung in der Ozeanographie. Bedingt wird dies durch den Mangel an speziell auf die Anwendung in Küstengebieten zugeschnittenen Satelliten-Sensor-Systemen und Algorithmen (DAVIS 2004:445). Es ist aber zu erwarten, dass sowohl die Qualität und Quantität der Anwendung als auch das allgemeine Bewusstsein der Notwenigkeit von Fernerkundung in Küstengebieten den Zenit noch nicht erreicht hat (MALTHUS 2003:2813). Einer der Hauptfaktoren dafür ist, dass mit keiner anderen Methode so große und teils unzugängliche Flächen so kostengünstig beobachtet werden können wie durch die Satellitenfernerkundung.

Literatur

Albertz, J. (2007³): Einführung in die Fernerkundung. Grundlagen der Interpretation von Luft- und Satellitenbildern. Darmstadt: Wissenschaftliche Buchgesellschaft.

Calkoen, C.J., G.H.F.M. Hesselmans, G.J. Wensink & J. Vogelzang (2001):The Bathymetry Assessment System: eYcient depth mapping inshallow seas using radar images. - int. j. remote sensing, 22, 15, 2973 – 2998.

Cracknell (1999): Remote sensing techniques in estuaries and coastal zones - an update. - int. j. remote sensing, 19, 3, 485 – 496.

Davis, C.O., G.M. Lamela, T.F. Donato & C.M. Bachmann (2004): Coastal Margins and Estuaries. In: Ustin, S.L. (Hrsg.)(2004): Remote Sensing for Natural Resource Management and Environmental Monitoring. Hoboken: John Wiley & Sons.

Dellepiane, S., R. De Laurentiis & F. Giordano (2004); Coastline extraction from SAR images and a method for the evaluation of the coastline precision. – Pattern Recognition Letters, 25, 1461 – 1470.

EUCC (Küsten Union Deutschland e.V.)(2005): 1.1. Definition der Begriffe Küste und Meeres- und Küstentourismus. <http://www.eucc-d.de/plugins/ikzmdviewer/inhalt.php?page=49,1494> (Stand : 2007) (Zugriff : 2009 : 2009-02-13)

Kerrigan, M. (2004): Coastlines. Black Rabbit Books.

Kiage, L.M., N.D. Walker, S. Balasubramanian, A. Babin & J. Barras (2005): Applications of Radarsat-1 synthetic aperture radar imagery to assess hurricane-related flooding of coastal Louisiana. - int. j. remote sensing, 1-23.

Klemas, V.V. (2008): Sensors and Techniques for observing coastal ecosystems. In: Yang, X. (2008): Remote Sensing and Geospatial Technologies for Coastal Ecosystem. Springer, 17-44.

Malthus, T.J. & P.J. Mumby (2003): Remote sensing of the coastal zone: an overview and priorities for future research. - INT. J. REMOTE SENSING, 24,13, 2805–2815.

Minghelli-Roman, A., L. Polidori, S. Mathieu, L. Loubersac & L. Cauneau (2007): Bathymetric Estimation Using MERIS Images in Coastal Sea Waters. - Geoscience and Remote Sensing Letters,4 ,2 , 274 – 277.

Niedermeier, A., E. Romaneeßen & S. Lehner (2000): Detection of Coastlines in SAR Images using Wavelet Methods. - IEEE TRANSACTIONS ON GEOSCIENCE AND REMOTE SENSING, 38, 5, 2270 – 2281.

Schernewski, G. (2004): 1.1. Definitionen der Küstenzone. <http://www.ikzm-d.de/inhalt.php?page=1,2> (Stand: 2004) (Zugriff: 2009-02-13).

Schwan, H. (1995): Auswertung von Radarbildern des ERS-1 in der Bucht von Bustamente, Argentinien. Ein Beitrag zur Erfassung mariner Terrassen in einem semiariden Küstengebiet. Freiburg: Selbstverlag.

Victorov, S. (1996): Regional Satellite Oceanography. St.Petersburg: Taylor & Francis.

Voigt, T. (1991): Grundlagen und Beispiele der Anwendung von Fernerkundungsdaten zur Gewinnung von Informationen über Küstenprozesse im Ostseegebiet. In: Wieneke, F. (Hrsg.)(1993): Beiträge zur Geographie der Meere und Küsten – Vorträge der 9. Jahrestagung München 22. bis 24. Mai 1991. München: GEOBUCH-Verlag.

Wieneke, F. (1991): The Use of Remote Sensing in Coastal Research. - GeoJournal 24, 1, 71-76.

WIR (World Resources Institute) (1996): World Resources 1996-97: The Urban Environment. New York: Oxford University Press.

Yang, X. (2008): Remote Sensing, Geospatial Technologies and Coastal Ecosystems.In: Yang, X. (2008): Remote Sensing and Geospatial Technologies for Coastal Ecosystem. Springer, 1-15.